Das Diskontrechnen

1 Die Begriffe zum Diskontrechnen

Das Diskontrechnen:
- ... ermittelt den Barwert einer Forderung zu einem Zeitpunkt vor der Fälligkeit.
- ... hilft beim Diskontieren von Wechseln.

Der **Diskontbetrag** (auch: Diskont) ist der vom Wechselbetrag abgezogene Zins.

Der **Wechsel**:
- Ein Lieferant (Gläubiger, Trassant) stellt einem Kunden (Schuldner, Trassat, Akzeptant) einen Wechsel (Tratte) aus ("Wechsel ziehen").
- Schuldner akzeptiert den Wechsel (Akzept) und gibt ihn an den Aussteller zurück.
- Für den Aussteller ist der akzeptierte Wechsel ein Besitzwechsel, für den Bezogenen ist der akzeptierte Wechsel ein Schuldwechsel.
- Das Einlösen eines Wechsels erfolgt, indem ...
  a) ... ein noch nicht fälliger Wechsel an die Bank verkauft wird ("Wechsel in Diskont geben" / "Bank nimmt den Wechsel in Diskont").
  b) ... eigene Verbindlichkeiten getilgt wird ("indossieren" / "Indossament").
  c) ... der Wechselbetrag zum Fälligkeitstermin ausgezahlt wird.
- Wechselschulden sind Holschulden.
- Aus wirtschaftlicher Sicht besitzt der Wechsel eine Kreditmittelfunktion.
  Das durch die Europäische Zentralbank am 1.1.1999 eingeführte Eurosystem stellte die Rediskontierung von

Wechseln ein, so dass für die Banken diese Refinanzierung für das Diskontgeschäft entfiel und sie den Diskontkredit abschafften. Seit Januar 2006 sind Wechsel nicht mehr notenbankfähig. Heutzutage gibt es Wechselzahlungen nur noch vereinzelt bei Nichtbanken (private Haushalte, Unternehmen, Staat, Ausland).

Der **Barwert** ist der Wert eines Wechsels nach Abzug von Diskont, Spesen etc.

Der **Diskontsatz** (auch: Diskont) ist der Zinsfuß.

Der **Mindestdiskont** ist eine Gebühr bei Wechseln mit kurzer Laufzeit und niedrigen Wechselbeträgen. Sie wird anstelle des Diskonts berechnet, i. d. R. aber in eine **Mindestdiskontzahl** (= Mindestdiskont • Zinsteiler) umgewandelt.

Die **Wechselsteuer** betrug 0,15 DM je angefangene 100 DM Wechselbetrag und war umsatzsteuerpflichtig. Sie wird seit dem 1.1.1992 nicht mehr erhoben.

Beispiel: Ein Kaufmann verkauft am 13.5. einen Wechsel (fällig am 10.10.).

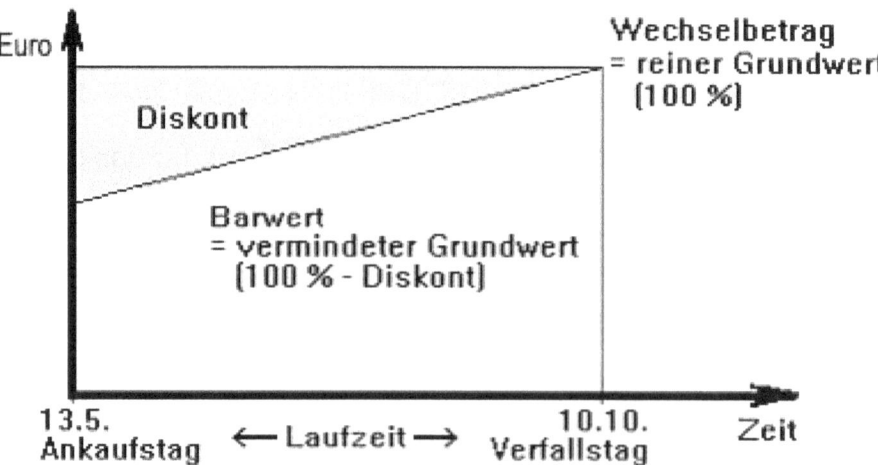

Vergleich Zinsrechnen – Diskontrechnen:

Zinsrechnen	Diskontrechnen
Zinssatz p (auch: Zinsfuß)	Diskontsatz p (auch: Diskont)
Zinszahl $\# = \dfrac{K \cdot t}{100}$	Diskontzahl $\# = \dfrac{W \cdot t}{100}$
Zinsteiler $Zt. = \dfrac{360}{p}$	Diskontteiler $Dt. = \dfrac{360}{p}$
Kapital K	Wechselbetrag W
Zinsen Z	Diskontbetrag D (auch: Diskont)
Zeit t (in Tagen) Die Zinstage werden nach der deutschen kaufmännischen Art berechnet.	Zeit t (Tage zwischen Ankaufs- und Verfallstag) Die Diskonttage werden nach der Euromethode (auch: französische Art) berechnet.

2 Das Diskontieren einzelner Wechsel

2.1 Das Berechnen des Diskonts

1.) Am 15.3. diskontiert eine Bank einen am 24.5. fälligen Wechsel über 2.000 €.
Wie hoch ist der Barwert bei einem Diskontsatz von 6 %?

Laufzeit:
15. – 31.3. = 16 Tage
April   = 30 Tage
1. – 24.5.   = 24 Tage
70 Tage

Diskontbetrag: $D = \dfrac{W \cdot p \cdot t}{100 \cdot 360}$

$= \dfrac{2.000\ € \cdot 6\ \% \cdot 70\ \text{Tage}}{100\ \% \cdot 360\ \text{Tage}} =$ **23,33 €**

Barwert:
2.000,00 € Wechselbetrag
−   23,33 € − Diskont (6 %, 70 Tage)
1.976,67 € Barwert am 15. März

2.) Am 21. März wird der Bank ein Wechsel über 2.100 €, fällig am 9. Juni, zum Diskont eingereicht (p = 6 %).
Wie hoch ist der Barwert?

Laufzeit:
21. – 31.3. = 10 Tage
April / Mai = 61 Tage
1. – 9.6.   = 9 Tage
80 Tage

Diskontbetrag: $D = \dfrac{W \cdot p \cdot t}{100 \cdot 360}$

$= \dfrac{2.100\ € \cdot 6\ \% \cdot 80\ \text{Tage}}{100\ \% \cdot 360\ \text{Tage}} =$ **28,00 €**

Barwert:
2.100,00 € Wechselbetrag
−   28,00 € − Diskont (6 %, 80 Tage)
2.072,00 € Barwert am 21. März

Beispiel: Wie viel Diskont fällt an, wenn ein Kaufmann 88 Tage vor Fälligkeit einen Wechsel über 12.854,40 € bei einem Diskontsatz von 5¾ % an seine Bank verkauft?

Für das Berechnen des Diskonts gibt es mindestens 7 verschiedene Berechnungsverfahren:

1.) mit der Zinsformel

① Diskont = $\dfrac{W \cdot p \cdot t}{100 \cdot 360}$ = $\dfrac{12.854,4\ € \cdot 5,75\ \% \cdot 88\ \text{Tage}}{100\ \% \cdot 360\ \text{Tage}}$

= 180,675 = 180,68 €

2.) mit Diskontzahl # · $\dfrac{p}{360}$

\# = $\dfrac{W \cdot t}{100}$ = $\dfrac{12.854,40 \cdot 88}{100}$ = 11.311,872 = 11.312

② Diskont = $\dfrac{\# \cdot p}{360}$ = $\dfrac{11.312 \cdot 5,75}{360}$ = 180,6777

= 180,68 €

3.) mit Diskontzahl und Diskontteiler

a) Zerlegen des Diskontsatzes (hier: 5¾ % in 5 % + ¾ %)

Diskontteiler für 5 %: $\dfrac{360}{5}$ = 72

11.312 : 72 = 157,1111

Diskontteiler für ¾ %: $\dfrac{360}{0,75}$ = 480

11.312 : 480 = + 23,5667

180,6778

③ Diskont = 180,68 €

b) Diskontteiler mit Dezimalstellen (hier: Diskontteiler für 5¾ % = 62,6086)

Diskontteiler ohne Dezimalstellen:

④ Diskont = $\dfrac{11.312}{63}$ = 179,555 = 179,56 €

Diskontteiler mit einer Dezimalstelle:

⑤ Diskont = $\dfrac{11.312}{62,6}$ = 180,702 = 180,70 €

Diskontteiler mit zwei Dezimalstellen:

⑥ Diskont = $\dfrac{11.312}{62,61}$ = 180,674 = 180,67 €

Diskontteiler mit drei Dezimalstellen:

⑦ Diskont = $\dfrac{11.312}{62,609}$ = 180,676 = 180,68 €

Für das Berechnen der Zinsen und der Diskontbeträge gibt es keine einheitliche gesetzliche Vorschrift. Das bedeutet: Jede Bank berechnet die Zinsen und die Diskontbeträge unter Umständen nach einem anderen mathematischen Verfahren. Solange eine Bank dieses Rechenverfahren für alle (!) ihre Zins- und Diskontberechnungen (also auch für Soll- und Habenzinsen) anwendet, ist dies erlaubt.
In den folgenden Aufgaben wird das Berechnungsverfahren ⑥ genutzt.

3.) | geg.: Wechsel 3710,90 €, Ankauf 10.4., Verfallstag 17.6., 7½ % Diskont
ges.: Barwert

Laufzeit: 10. – 30.4.   = 20 Tage
            Mai   = 31 Tage
            1. – 17.6.   = 17 Tage
                             68 Tage

Diskontbetrag: $D = \dfrac{W \cdot p \cdot t}{100 \cdot 360}$

                  $= \dfrac{3.710{,}90 \text{ €} \cdot 7{,}5 \text{ \%} \cdot 68 \text{ Tage}}{100 \text{ \%} \cdot 360 \text{ Tage}}$

                  = **52,57 €**

Barwert: 3.710,00 €   Wechselbetrag
             –   52,57 €   – Diskont (7½ %, 68 Tage)
             3.658,33 €   Barwert am 10.4.

4.) | Es sind der Barwert und der Ankaufstag eines Wechsels (Betrag 12.616,80 €, Verfallstag 16.4., Laufzeit 45 Tage, Diskontsatz 11½ %) zu ermitteln!

Laufzeit: 1. – 16.4.   = 16 Tage
            2. – 31.3. = 29 Tage
                       → 2. März

Diskontbetrag: $D = \dfrac{W \cdot p \cdot t}{100 \cdot 360}$

                  $= \dfrac{12.616{,}80 \text{ €} \cdot 11{,}5 \text{ \%} \cdot 45 \text{ Tage}}{100 \text{ \%} \cdot 360 \text{ Tage}}$

                  = **181,37 €**

Barwert: 12.616,80 €   Wechselbetrag
             –   181,37 €   – Diskont (11½ %, 45 Tage)
             12.435,43 €   Barwert am 2.3.

5.) Wie groß ist der Barwert eines Wechsels über 1.526,60 €, der am 10.8. fällig ist und am 22.5. zu 9½ % diskontiert wird?

Laufzeit:
  22. – 31.5. = 9 Tage
  Juni / Juli   = 61 Tage
  1. – 10.8.   = 10 Tage
  80 Tage

Diskontbetrag: $D = \dfrac{W \cdot p \cdot t}{100 \cdot 360}$

$= \dfrac{1.526{,}60\ € \cdot 9{,}5\ \% \cdot 80\ \text{Tage}}{100\ \% \cdot 360\ \text{Tage}}$

= **32,23 €**

Barwert:
  1.526,60 € Wechselbetrag
  −   32,23 € − Diskont (9½ %, 80 Tage)
  1.494,37 € Barwert am 22.5.

6.) Diskontieren Sie folgenden Wechsel: Wechselbetrag 6.130 €, Verkaufstag 19.3., Verfallstag 14.5., Diskontsatz 11½ %!

Laufzeit:
  19. – 31.3. = 12 Tage
  April   = 30 Tage
  1. – 14.5.   = 14 Tage
  56 Tage

Diskontbetrag: $D = \dfrac{W \cdot p \cdot t}{100 \cdot 360}$

$= \dfrac{6.130\ € \cdot 11{,}5\ \% \cdot 56\ \text{Tage}}{100\ \% \cdot 360\ \text{Tage}}$

= **109,66 €**

Barwert:
  6.130,00 € Wechselbetrag
  − 109,66 € − Diskont (11½ %, 56 Tage)
  6.020,34 € Barwert am 19.3.

7.) Am 27. April kauft eine Bank einen Wechsel über 3.600 € an. Dem Kunden werden bei 9½ % Diskont 3.541,10 € gut geschrieben. Welchen Verfallstag hat der Wechsel?

Diskont:
$$\begin{array}{rl} & 3.600,00 \text{ €} \quad \text{Wechselbetrag} \\ - & 3.541,10 \text{ €} \quad - \text{Barwert} \\ \hline & \mathbf{58,90 \text{ €}} \quad \text{Diskont} \end{array}$$

Laufzeit:
$$D = \frac{W \cdot p \cdot t}{100 \cdot 360}$$

$$t = \frac{D \cdot 100 \cdot 360}{W \cdot p}$$

$$= \frac{58{,}90 \text{ €} \cdot 100 \text{ \%} \cdot 360 \text{ Tage}}{3.600 \text{ €} \cdot 9{,}5 \text{ \%}}$$

$$= \mathbf{62 \text{ Tage}}$$

Fälligkeitstag:
- 27. – 30.4. = 3 Tage
- Mai = 31 Tage
- 1. – **28.6.** = 28 Tage
- → 28. Juni

8.) Für einen Wechsel über 7.400 €, fällig am 28.3., werden einem Kunden bei 7½ % 7.284,38 € gut geschrieben. Wann wurde der Wechsel im Schaltjahr diskontiert?

Diskont:
$$\begin{array}{rl} & 7.400,00 \text{ €} \quad \text{Wechselbetrag} \\ - & 7.284,38 \text{ €} \quad - \text{Barwert} \\ \hline & \mathbf{115,62 \text{ €}} \quad \text{Diskont} \end{array}$$

Laufzeit:
$$D = \frac{W \cdot p \cdot t}{100 \cdot 360}$$

$$t = \frac{D \cdot 100 \cdot 360}{W \cdot p}$$

$$= \frac{115{,}62 \text{ €} \cdot 100 \text{ \%} \cdot 360 \text{ Tage}}{7.400 \text{ €} \cdot 7{,}5 \text{ \%}}$$

$$= 74{,}99 = \mathbf{75\ Tage}$$

Fälligkeitstag:
1. – 28.3.   = 28 Tage
Februar   = 29 Tage
13. – 31.1.   = 18 Tage
→ 13. Januar

9.) Herr E. übergibt am 20.2. seinem Lieferer zum teilweisen Ausgleich einer Rechnung über 3.080,50 € einen Wechsel über 2.400 €, der am 16.5. fällig ist. Der Lieferer gibt diesen Wechsel noch am gleichen Tag bei der Bank in Diskont (9¾ %). Wie viel schuldet Herr E. dem Lieferer?

Laufzeit:
20. – 28.2.   =   8 Tage
März / April = 61 Tage
1. – 16.5.   = 16 Tage
85 Tage

Diskontbetrag:
$$D = \frac{W \cdot p \cdot t}{100 \cdot 360}$$

$$= \frac{2.400\ € \cdot 9{,}75\ \% \cdot 85\ \text{Tage}}{100\ \% \cdot 360\ \text{Tage}}$$

$$= \mathbf{55{,}25\ €}$$

Barwert:
2.400,00 € Wechselbetrag
−   55,25 € − Diskont (9¾ %, 85 Tage)
2.344,75 € Barwert am 20.2.

Restschuld:
3.080,50 € Schulden
− 2.344,75 € − Barwert des Wechsels
735,75 € Restschulden

10.) Ein Kunde reicht bei der Bank am 8. März einen Wechsel (4.135 €, fällig am 19.5.) ein.
Wie groß ist die Gutschrift bei 11 % Diskontsatz?

Laufzeit:
8. – 31.3. = 23 Tage
April = 30 Tage
1. – 19.5. = 19 Tage
72 Tage

Diskontbetrag: $D = \dfrac{W \cdot p \cdot t}{100 \cdot 360}$

$= \dfrac{4.135\ € \cdot 11\ \% \cdot 72\ \text{Tage}}{100\ \% \cdot 360\ \text{Tage}}$

= **90,97 €**

Barwert:
4.135,00 € Wechselbetrag
−   90,97 € − Diskont (11 %, 72 Tage)
4.044,03 € Barwert am 8.3.

11.) Wie viel Diskont fällt an, wenn ein Kaufmann im Schaltjahr am 6.1. einen Wechsel über 1.285,40 €, fällig am 3.4., an seine Bank verkauft? (p = 5¾ %)

Laufzeit:
6. – 31.1. = 25 Tage
Februar/März = 60 Tage
1. – 3.4. = 3 Tage
88 Tage

Diskontbetrag: $D = \dfrac{W \cdot p \cdot t}{100 \cdot 360}$

$= \dfrac{1.285,40\ € \cdot 5,75\ \% \cdot 88\ \text{Tage}}{100\ \% \cdot 360\ \text{Tage}}$

= 18,07 €

12.) Berechnen Sie zum 3.3. den Diskont für einen Wechsel über 1.840 €, fällig am 1.5., bei 7½ % Diskontsatz!

Laufzeit:
3. – 31.3. = 28 Tage
April = 30 Tage
1.5. = 1 Tag
59 Tage

Diskontbetrag: $D = \dfrac{W \cdot p \cdot t}{100 \cdot 360}$

$= \dfrac{1.840 \, € \cdot 7{,}5 \, \% \cdot 59 \, \text{Tage}}{100 \, \% \cdot 360 \, \text{Tage}}$

= 22,6166 = 22,62 €

13.) Ein Kaufmann reicht am 23.5. bei seiner Hausbank einen Kundenwechsel über 465 €, fällig am 10.8., zum Diskont ein. Welchen Betrag schreibt die Bank gut, wenn sie 10 % Diskont und 3,40 € Spesen berechnet?

Laufzeit:
23. – 31.5. = 8 Tage
Juni / Juli = 61 Tage
1. – 10.8. = 10 Tage
79 Tage

Diskontbetrag: $D = \dfrac{W \cdot p \cdot t}{100 \cdot 360}$

$= \dfrac{465 \, € \cdot 10 \, \% \cdot 79 \, \text{Tage}}{100 \, \% \cdot 360 \, \text{Tage}}$

= **10,20 €**

Gutschrift:
465,00 € Wechselbetrag
− 10,20 € − Diskont (10 %, 79 Tage)
− 3,40 € − Spesen
451,40 € Gutschrift der Bank

14.) Wir erhalten am 1.9. einen am 12.8. ausgestellten und am 15.8. akzeptierten Dreimonatswechsel über 630 €. Wir verkaufen ihn am 3.9. an die Bank.
Für wie viele Tage berechnet sie Diskont?

Fälligkeit des Dreimonatswechsels: **15.11.**
Diskontieren durch die Bank: **3.9.**

Laufzeit:
	3. – 30.9.	= 27 Tage
	Oktober	= 31 Tage
	1. – 15.11.	= 15 Tage
		73 Tage

15.) Wir erhalten von der Bank folgende Wechselabrechnung:

2.500,00 € Wechsel, fällig am 12.9.
−   20,00 € − Diskont 48 Tage / 1.200 # 6 % Diskont
2.420,00 € Barwert am 24.7.

Welche Aussage ist richtig?

1	Die Abrechnung ist komplett richtig.
2	Die Tage wurden falsch berechnet.
3	Die Diskontzahl wurde falsch berechnet.
4	Der Diskont wurde falsch berechnet.
5	Der Barwert wurde falsch berechnet.

5

2.2 Der Mindestdiskont

Die Bank erhebt bei Wechseln mit geringer Laufzeit und/oder niedrigem Wechselbetrag einen so genannten Mindestdiskont.

Beispiel: Wechselbetrag   251,00 €
           Diskontsatz   6 %
           Ankaufstag   10.9.
           Verfallstag   12.10.
           Mindestdiskont   2,00 €

Laufzeit: 10. – 30.9. = 20 Tage
          1. – 12.10. = **12 Tage**
          32 Tage

Diskontbetrag:

$$D = \frac{W \cdot p \cdot t}{100 \cdot 360}$$

$$= \frac{251\,€ \cdot 6\,\% \cdot 32\,\text{Tage}}{100\,\% \cdot 360\,\text{Tage}}$$

$$= \mathbf{1{,}34\ €}$$

Barwert: 251,00 € Wechselbetrag
       – 2,00 € – Mindestdiskont
      249,00 € Barwert

2.3 Die Inkassoprovision

Beauftragt der Wechselinhaber die Bank, den Einzug des Wechsels vorzunehmen, so berechnet die Bank dafür eine Provision – die Inkassoprovision.

Beispiel:
- Wechselbetrag 2.306,00 €
- Ankaufstag 21.3.
- Verfallstag 19.6.
- Inkassoprovision 1 ‰, mindestens 2,00 €
- Diskontsatz 7½ %

Laufzeit:
- 21. – 31.3. = 10 Tage
- April / Mai = 61 Tage
- 1. – 19.6. = 19 Tage
- **90 Tage**

Diskontbetrag:

$$D = \frac{W \cdot p \cdot t}{100 \cdot 360}$$

$$= \frac{2.306 \text{ €} \cdot 7,5\,\% \cdot 90 \text{ Tage}}{100\,\% \cdot 360 \text{ Tage}}$$

$$= \mathbf{43{,}24\ €}$$

Gutschrift:

- 2.306,00 € Wechselbetrag
- − 43,24 € − Diskont (7½ %, 90 Tage)
- − 2,31 € − Inkassoprovision (1 ‰ von 2.306 €)
- 2.260,45 € Gutschrift der Bank

3 Das Diskontieren mehrerer Wechsel

Diskontiert werden mehrere Wechsel unterschiedlicher Beträge und verschiedener Laufzeit, aber gleichem Diskontsatz.

Beispiel: Berechnen Sie die Gutschrift der Bank am 25.7., wenn folgende Wechsel eines Kunden zu 7½ % diskontiert werden!

Wechsel-beträge	Verfalls-tage	Tage ①	Diskontzahlen (#) ②
2.150,00 €	19.8.	25	537,5 = 538
1.620,80 €	28.8.	34	551,072 = 551
837,50 €	2.9.	39	326,625 = 327
3.000,00 €	10.9.	47	1.410 = 1.410
③ **7.608,30 €**			**2.826**

① <u>Laufzeit:</u> (für Nr. 3)
  25. – 31.7. = 6 Tage
  August = 31 Tage
  1. – 2.9. = 2 Tage
  39 Tage

② <u>Diskontzahl (#):</u> (für Nr. 3)

$$\# = \frac{W \cdot t}{100} = \frac{837 \cdot 39}{100} = 326{,}625 = \mathbf{327}$$

③ Addieren der Wechselbeträge und Diskontzahlen

④ <u>Diskontteiler:</u> $Dt. = \frac{360}{p} = \frac{360}{7{,}5} = \mathbf{48}$

⑤ <u>Diskont:</u> $D = \frac{\#}{Dt.} = \frac{2.826}{48} = \mathbf{58{,}88\ €}$

⑥ <u>Barwert:</u>
  7.608,30 € Wechselbeträge
  −   58,88 € − Diskont (7½ %)
  7.549,42 € Barwert am 25.7.

16.) Wir lieferten einem Kunden für 1.224 € Waren. Zum teilweisen Ausgleich seiner Schuld gibt er uns am 3.9. einen Wechsel über 845 €, fällig am 27.11.
Wie hoch ist unsere Restforderung bei 9 % Diskontsatz?

Laufzeit:
3. – 30.9. = 27 Tage
Oktober = 31 Tage
1. – 27.11. = 27 Tage
85 Tage

Diskontbetrag: $D = \dfrac{W \cdot p \cdot t}{100 \cdot 360}$

$= \dfrac{845\,€ \cdot 9\,\% \cdot 85\,\text{Tage}}{100\,\% \cdot 360\,\text{Tage}} = \mathbf{17{,}96\,€}$

Barwert:
845,00 € Wechselbetrag
– 17,96 € – Diskont (9 %, 85 Tage)
827,04 € Barwert am 3.9.

Restforderung:
1.224,00 € Gesamtforderung
– 827,04 € – Barwert des Wechsels
396,96 € Restforderung

17.) Errechnen Sie den Barwert der Wechsel 2.450 € (fällig am 12.8.) und 820 € (fällig am 4.9.), wenn diese am 10.6. zu 8 % diskontiert werden!

Nr.	Wechsel-beträge	Laufzeiten	Tage	Diskontzahlen (#)
1	2.450,00 €	fällig seit 12.8.	63	1.543,5 = 1.544
2	820,00 €	fällig seit 4.9.	86	705,2 = 705
	3.270,00 €			**2.249**

Diskontteiler: $Dt. = \dfrac{360}{p} = \dfrac{360}{8} = \mathbf{45}$

Diskont: $D = \dfrac{\#}{Dt.} = \dfrac{2.249}{45} = \mathbf{49{,}98\,€}$

Barwert:
3.270,00 € Wechselbeträge
– 49,98 € – Diskont (8 %)
3.220,02 € Barwert am 10.6.

18.) Berechnen Sie die Summe der Diskontzahlen, wenn folgende Wechsel am 1.9. diskontiert werden: 180 €, fällig am 27.10., 1.320 €, fällig am 5.11., 220,50 €, fällig am 19.10.!

Nr.	Wechsel-beträge	Laufzeiten	Tage	Diskontzahlen (#)	
1	180,00 €	f. a. 27.10.	56	100,80 =	101
2	1.320,00 €	f. a. 5.11.	65	858,00 =	858
3	220,50 €	f. a. 19.10.	48	105,84 =	106

1.065

19.) Am 8.11. wird ein Wechsel über 3.970,60 € diskontiert. Die Bank berechnet 11¼ % Diskont und schreibt dem Kunden 3.860,19 € gut. Wann ist der Wechsel fällig?

Diskont: 3.970,60 € Wechselbetrag
           − 3.860,19 € − Barwert
           110,41 € Diskontbetrag

Laufzeit:

$$D = \frac{W \cdot p \cdot t}{100 \cdot 360}$$

$$t = \frac{D \cdot 100 \cdot 360}{W \cdot p}$$

$$= \frac{110,41 \,€ \cdot 100\,\% \cdot 360 \text{ Tage}}{3.970,6 \,€ \cdot 11,25\,\%}$$

= **89 Tage**

Fälligkeitstag: 8. − 30.11. = 22 Tage
                Dez./Jan.   = 62 Tage
                1. − **5.2.** = 5 Tage

→ 5. Februar des Folgejahres

20.) Am 20. August schreibt die Bank einem Händler für einen Wechsel über 9.760 €, fällig am 31. Oktober, 9.638 € gut. Wie hoch liegt der Diskontsatz?

Diskont:
$$\begin{aligned} &9.760{,}00\ € \quad \text{Wechselbetrag} \\ -\ &9.638{,}00\ € \quad -\text{Barwert} \\ \hline &\mathbf{122{,}00\ €} \quad \text{Diskontbetrag} \end{aligned}$$

Laufzeit:
20. – 31.8. = 11 Tage
September = 30 Tage
1. – 31.10. = 31 Tage
72 Tage

Diskontsatz:
$$D = \frac{W \cdot p \cdot t}{100 \cdot 360}$$

$$p = \frac{D \cdot 100 \cdot 360}{W \cdot t}$$

$$= \frac{122\ € \cdot 100\ \% \cdot 360\ \text{Tage}}{9.760\ € \cdot 72\ \text{Tage}}$$

$$= 6{,}25\ \%$$

21.) Einem Bankauszug liegt diese Wechselabrechnung bei:

Wechsel, fällig am 23. Juli   9.000,00 €
– Diskont   – 168,75 €
Barwert am 9. Mai   8.831,25 €

Wie hoch ist der Diskontsatz?

Laufzeit:
9. – 31.5. = 22 Tage
Juni = 30 Tage
1. – 23.7. = 23 Tage
75 Tage

Diskontsatz:
$$D = \frac{W \cdot p \cdot t}{100 \cdot 360}$$

$$p = \frac{D \cdot 100 \cdot 360}{W \cdot t}$$

$$= \frac{168{,}75\ € \cdot 100\ \% \cdot 360\ \text{Tage}}{9.000\ € \cdot 75\ \text{Tage}}$$

$$= 9\ \%$$

22.) Am 7.8. werden zwei Wechsel über 453,80 € (fällig am 5.9.) und 923,80 € (fällig am 19.9.) zu 5¼ % diskontiert (Mindestdiskont 2 €). Auf den ersten Wechsel entfallen 3,50 € Auskunftsspesen. Wie hoch ist die Gutschrift?

Mindestdiskontzahl: $2 \cdot \dfrac{360}{5{,}25} = 137{,}14 =$ **137**

Wechsel-beträge	Laufzeiten	Tage	Diskontzahlen (#)
453,80 €	7.8. – 5.9.	29	131,6 = 137 ← Mindest-diskont
923,80 €	7.8. – 19.9.	43	397,2 = 397
1.377,60 €			**534**

Diskontteiler: $Dt. = \dfrac{360}{p} = \dfrac{360}{5{,}25} =$ **68,57**

Diskont: $D = \dfrac{\#}{Dt.} = \dfrac{534}{68{,}57} =$ **7,79 €**

Gutschrift: 1.377,60 €   Wechselbeträge
–   7,79 €   – Diskont (5¼ %)
–   3,50 €   – Spesen
1.366,31 €   Gutschrift am 7.8.

23.) Wir diskontieren am 12.3. zu 6 % (Mindestdiskont 3,00 €) vier Wechsel: 1.502,27 € (f. a. 31.3.), 761,80 € (15.4.), 925,00 € (27.4.), 1.215,50 € (12.5.). Für den 3. Wechsel sind 3,50 € Auskunfts- und 3 € Einzugsspesen zu berechnen. Wie hoch ist die Gutschrift?

Mindestdiskontzahl: $3 \cdot \dfrac{360}{6} =$ **180**

Nr.	Wechselbeträge	Laufzeiten	Tage	Diskontzahlen (#)
1	1.502,27 €	12.3. – 30.3.	18	270,41 = 270
2	761,80 €	12.3. – 15.4.	34	259,01 = 259
3	925,00 €	12.3. – 27.4.	46	425,50 = 426
4	1.215,50 €	12.3. – 12.5.	61	741,46 = 741
	4.404,57 €			**1.696**

Diskontteiler: $\text{Dt.} = \dfrac{360}{p} = \dfrac{360}{6} = \mathbf{60}$

Diskont: $D = \dfrac{\#}{\text{Dt.}} = \dfrac{1.696}{60} = \mathbf{28{,}27\ €}$

Gutschrift:
    4.404,57 € Wechselbeträge
 −   28,27 € − Diskont (6 %)
 −   6,50 € − Spesen
    4.369,80 € Gutschrift am 12.3.

24.) Ein Betrieb verkauft am 10.2. vier Wechsel an die Bank: 1.500,00 € (fällig am 20.2.), 877,80 € (fällig Ende Februar 1993), 2.500,00 € (fällig Anfang März), 1.234,50 € (17.3.). 8½ % Diskont, Mindestdiskont 3,50 €. Je Wechsel entstanden 2,50 € Auslagen. Wie hoch ist die Gutschrift?

Mindestdiskontzahl: $3{,}50 \cdot \dfrac{360}{8{,}5} = 148{,}23 = \mathbf{148}$

Nr.	Wechselbeträge	Laufzeiten	Tage	Diskontzahlen (#)
1	1.500,00 €	10.2. – 20.2.	10	150,00 = 150
2	877,80 €	10.2. – 28.2.	18	158,00 = 158
3	2.500,00 €	10.2. – 1.3.	19	475,00 = 475
4	1.234,50 €	10.2. – 17.3.	35	432,08 = 432
	6.112,30 €			**1.215**

Diskontteiler: $\text{Dt.} = \dfrac{360}{p} = \dfrac{360}{8{,}5} = \mathbf{42{,}35}$

Diskont: $D = \dfrac{\#}{\text{Dt.}} = \dfrac{1.215}{42{,}35} = \mathbf{28{,}69\ €}$

Gutschrift:
    6.112,30 € Wechselbeträge
 −   28,69 € − Diskont (8½ %)
 −   10,00 € − Auslagen
    6.073,61 € Gutschrift am 10.2.

25.) Diskontieren Sie am 21.4. folgende Wechsel: 2.800,50 € (fällig am 30.5.), 1.600,73 € (2.6.), 106 € (17.6.), 2.520 € (29.6.), 415 € (11.7.), 2.457,77 € (23.7.)! (Mindestdiskont 3,00 €, Diskont 8¾ %, Auslagen je Wechsel 2,50 €)

Mindestdiskontzahl: $2 \cdot \dfrac{360}{8,75} = 123,42 = $ **123**

Wechsel-beträge	Laufzeiten	Tage	Diskontzahlen (#)
2.800,50 €	21.4. – 30.5.	39	1.092,20 = 1.092
1.600,73 €	21.4. – 2.6.	42	672,31 = 672
106,00 €	21.4. – 17.6.	57	60,42 = 123 ← Mindest-diskont
2.520,00 €	21.4. – 29.6.	69	1.738,80 = 1.739
415,00 €	21.4. – 11.7.	81	336,15 = 336
2.457,77 €	21.4. – 23.7.	93	2.285,73 = 2.286
9.900,00 €			**6.248**

Diskontteiler: $Dt. = \dfrac{360}{p} = \dfrac{360}{8,75} = $ **41,14**

Diskont: $D = \dfrac{\#}{Dt.} = \dfrac{6.248}{41,14} = $ **151,87 €**

Gutschrift:
9.900,00 € Wechselbeträge
− 151,87 € − Diskont (8¾ %)
−   15,00 € − Auslagen
9.733,13 € Gutschrift am 21.4.

26.) Die Verbindlichkeiten eines Kunden betragen 15.500 €. Zum teilweisen Ausgleich seines Kontos indossiert er am 13.4. drei Wechsel über 5.908,50 € (fällig am 20.4.), 2.710 € (fällig am 29.4.) und 150,60 € (fällig am 30.4.). Der Lieferer reicht die Wechsel am 13.4. zum Diskont ein: Diskontsatz 6 %, Mindestdiskont 2,50 €, Auslagen 7,75 €. Wie viel Euro beträgt die Restschuld?

Mindestdiskontzahl: $2{,}50 \cdot \dfrac{360}{6} = \mathbf{150}$

Wechsel-beträge	Laufzeiten	Tage	Diskontzahlen (#)
5.908,50 €	13. – 20.4.	7	413,60 = 414
2.710,00 €	13. – 29.4.	16	433,60 = 434
150,60 €	13. – 30.4.	17	25,60 = 150 ← Mindest-diskont
8.769,10 €			**998**

Diskontteiler: $Dt. = \dfrac{360}{p} = \dfrac{360}{6} = \mathbf{60}$

Diskont: $D = \dfrac{\#}{Dt.} = \dfrac{998}{60} = \mathbf{16{,}63\ €}$

Gutschrift:
    8.769,10 € Wechselbeträge
  –   16,63 € – Diskont (6 %)
  –   7,75 € – Spesen
  8.744,72 € Gutschrift am 13.4.

Restschuld:
  15.500,00 € Verbindlichkeiten
 – 8.744,72 € – Gutschrift
  6.755,28 € Restschuld

27.) Diskontieren Sie folgende Wechsel am 3.10.: 3.680,50 € (fällig am 7.10.), 1.250,75 € (12.10.), 790,20 € (2.12.), 502 € (18.12.), 5.000 € (27.12.), 105,20 € (31.12.) und 217,30 € (3.1.)! (Diskont 6 %, Mindestdiskont 2 €, auf die ersten 4 Wechsel je 2,50 € Auslagen, die anderen insgesamt 12 €) Wie viel Euro beträgt die Gutschrift?

Mindestdiskontzahl: $2 \cdot \dfrac{360}{6} = $ **120**

Wechsel-beträge	Laufzeiten	Tage	Diskontzahlen (#)	
3.680,50 €	3. – 7.10.	4	147,22 =	147
1.250,75 €	3. – 12.10.	9	112,57 =	120 ← Mind.-disk.
790,20 €	3.10. – 2.12.	60	474,12 =	474
502,00 €	3.10. – 18.12.	76	381,52 =	382
5.000,00 €	3.10. – 27.12.	85	4.250	= 4.250
105,20 €	3.10. – 30.12.	88	92,58 =	120 ← Mind.-disk.
217,30 €	3.10. – 3.1.	92	199,92 =	200
11.545,95 €				**5.693**

Diskontteiler: $Dt. = \dfrac{360}{p} = \dfrac{360}{6} = $ **60**

Diskont: $D = \dfrac{\#}{Dt.} = \dfrac{5.693}{60} = $ **94,88 €**

Gutschrift:
  11.545,95 € Wechselbeträge
–   94,88 € – Diskont (6 %)
–   22,00 € – Spesen
  11.429,07 € Gutschrift am 3.10.

4 Das Prolongieren von Wechseln

Bei Nichteinlösenkönnen von Wechseln bittet der Schuldner den Gläubiger, für die fällige Schuld einen später fälligen Wechsel anzunehmen. Aus Buchforderungen des Gläubigers werden Wechselforderungen. Der fällige Wechsel wird in einen Prolongationswechsel umgewandelt.

zwei Verfahren:
a) – Wechsel über die Schuldsumme ausstellen
   – Diskontspesen sind gesondert zu überweisen
b) im (neuen) Wechselbetrag sind die Schulden und Diskontspesen enthalten

28.) Ein Unternehmen bittet seinen Lieferer, für eine am 23. Juli fällige Rechnung über 25.000 € einen Wechsel mit 30 Tagen Laufzeit (p = 7½ %) zu ziehen.
Wie groß ist der Wechselbetrag?

Laufzeit: **30 Tage**

Diskontsatz: 7½ % in 360 Tagen
x in 30 Tagen

$$x = \frac{7{,}5\ \% \cdot 30\ \text{Tage}}{360\ \text{Tage}} = \frac{5}{8} = \mathbf{0{,}625\ \%}$$

Wechselbetrag am 22.8.	? €	100,000 %	800 Teile
– Diskont (7½ %, 30 Tage)	– ? €	– 0,625 %	– 5 Teile
Schuld am 23.7.	25.000 €	99,375 %	**795 Teile**

Wechselbetrag: 99,375 % = 25.000 €
100,000 % = x

$$x = \frac{25.000\ € \cdot 100\ \%}{99{,}375\ \%}$$

= 25.157,23 €

oder: 795 Teile = 25.000 €
       800 Teile = x

$$x = \frac{25.000 \text{ €} \cdot 800 \text{ Teile}}{795 \text{ Teile}}$$

$$= 25.157{,}23 \text{ €}$$

29.) Ein Betrieb bittet den Lieferer, für eine am 13.3. fällige Schuld von 15 T€ einen Dreimonatswechsel (6 % p. a. Diskont) zu ziehen. Wie hoch ist der Wechselbetrag?

Laufzeit: **90 Tage** (da Dreimonatswechsel)

Diskontsatz: 6 % in 360 Tagen
              x in 90 Tagen

$$x = \frac{6 \text{ \%} \cdot 90 \text{ Tage}}{360 \text{ Tage}} = \frac{3}{2}$$

Wechselbetrag	? €	200 Teile
− Diskont (6 %, 90 Tage)	− ? €	− 3 Teile
Schuld am 13.3.	15.000 €	**197 Teile**

Wechselbetrag: 197 Teile = 15.000 €
                200 Teile = x

$$x = \frac{15.000 \text{ €} \cdot 200 \text{ Teile}}{197 \text{ Teile}}$$

$$= 15.228{,}43 \text{ €}$$

30.) Ein Kunde bittet am 20.8. den Lieferer, dem er 5.300 € schuldet, sein Akzept zum 19.10. anzunehmen (10 % Diskont). Über wie viel Euro lautet das Akzept?

Laufzeit: 20. – 31.8.   11 Tage
September   30 Tage
1. – 19.10.   <u>19 Tage</u>
60 Tage

Diskontsatz: 10 % in 360 Tagen
x   in 60 Tagen

$$x = \frac{10\ \% \cdot 60\ \text{Tage}}{360\ \text{Tage}} = \frac{5}{3}$$

Wechselbetrag am 19.10.	? €	300 Teile
– Diskont (10 %, 60 Tage)	– ? €	– 5 Teile
Schuld am 20.08.	5.300 €	**295 Teile**

Wechselbetrag: 295 Teile = 5.300 €
300 Teile =   x

$$x = \frac{5.300\ € \cdot 300\ \text{Teile}}{295\ \text{Teile}}$$

$$= 5.389{,}83\ €$$

31.) Ein Lieferer hat am 10. Mai 5.000 € Forderungen, für die er einen Wechsel auf den Kunden zieht: p = 5 % (fällig am 19. Juli). Wie groß ist der Wechselbetrag?

Laufzeit:
10. – 31.5. = 21 Tage
Juni = 30 Tage
1. – 19.7. = 19 Tage
70 Tage

Diskontsatz: 5 % in 360 Tagen
x in 70 Tagen

$$x = \frac{5\% \cdot 70 \text{ Tage}}{360 \text{ Tage}} = \frac{35}{36}$$

Wechselbetrag am 19.7.   ? €   3.600 Teile
– Diskont (5 %, 70 Tage) – ? € – 35 Teile
Schuld am 10.05.   5.000 €   **3.565 Teile**

Wechselbetrag: 3.565 Teile = 3.600 €
3.600 Teile = x

$$x = \frac{5.000 \text{ €} \cdot 3.600 \text{ Teile}}{3.565 \text{ Teile}}$$

$$= 5.049{,}0883$$

$$= 5.049{,}09 \text{ €}$$

32.) Der Bank werden Wechsel zum Diskont eingereicht: über 1.267,93 € (f. a. 17.5.), 644,93 € (f. a. 21.5.), 3.456,02 € (f. a. 26.4.), 2.643,42 € (f. a. 4.5.), 4.074,52 € (f. a. 6.6.) sowie 350 € (f. a. 27.3.).
Wie viel Euro werden zum 15.3. unter Abzug von 11½ % Diskont (Mindestdiskont 2 €) gutgeschrieben?

Mindestdiskontzahl: $2 \cdot \dfrac{360}{11,5} = 62,608 =$ **63**

Wechsel-beträge	Tage	Diskontzahlen (#)
1.267,93 €	15.3. – 17.5. = 63	798,80 = 799
644,93 €	15.3. – 21.5. = 67	432,10 = 432
3.456,02 €	15.3. – 26.4. = 42	1.451,53 = 1.452
2.643,42 €	15.3. – 4.5. = 50	1.321,71 = 1.322
4.074,52 €	15.3. – 6.6. = 83	3.381,85 = 3.382
350,00 €	15.3. – 27.3. = 12	42,00 = 63 ← Mindestdiskont

12.436,82 €   **7.450**

Diskontteiler: $Dt. = \dfrac{360}{p} = \dfrac{360}{11,5} =$ **31,30**

Diskont: $D = \dfrac{\#}{Dt.} = \dfrac{7.450}{31,30} =$ **238,02 €**

Gutschrift: 12.436,82 € Wechselbeträge
            −   238,02 € − Diskont (11½ %)
              12.198,80 € Barwert am 15.3.

5 Das Rediskontieren von Wechseln

Aufgekaufte Wechsel kann die Bank ...
- ... bis zum Verfallstag aufbewahren, um dann den Wechselbetrag vom Bezogenen einzuziehen.
- ... an die Landeszentralbank verkaufen ("rediskontieren"). Für diese zum Rediskont angebotenen Wechsel gelten folgende Bedingungen:
    - Die Laufzeit dieser Wechsel beträgt mindestens 7 Tage, maximal 90 Tage.
    - Für Wechsel mit geringer Restlaufzeit wird eine zusätzliche Gebühr erhoben.

Das durch die Europäische Zentralbank am 1.1.1999 eingeführte Eurosystem stellte die Rediskontierung von Wechseln ein.

33.) Am 9.9. diskontiert die Bank zu 11¼ % einen Wechsel über 12.480 €, fällig am 30.11. Am selben Tag gibt die Bank den Wechsel der Landeszentralbank zum Rediskont (9½ %).
a) Wie hoch liegt die Gutschrift der Bank?
b) Wie hoch ist die Gutschrift der Landeszentralbank?
c) Wie hoch liegt der Diskontertrag für die Bank?

a) <u>Laufzeit:</u>   9. – 30.9. = 21 Tage
   Oktober   = 31 Tage
   1. – 30.11. = 30 Tage
   82 Tage

<u>Diskontbetrag:</u> $D = \dfrac{W \cdot p \cdot t}{100 \cdot 360}$

$= \dfrac{12.480\ € \cdot 11{,}25\ \% \cdot 82\ \text{Tage}}{100\ \% \cdot 360\ \text{Tage}}$

= **319,80 €**

<u>Gutschrift:</u>   12.480,00 € Wechselbetrag
   – 319,80 € – Diskont (11¼ %)
   12.160,20 € Barwert am 9.9.

b) Laufzeit: **82 Tage**

Diskontbetrag: $D = \dfrac{W \cdot p \cdot t}{100 \cdot 360}$

$= \dfrac{12.480 \text{ €} \cdot 9{,}5\ \% \cdot 82 \text{ Tage}}{100\ \% \cdot 360 \text{ Tage}}$

$= \textbf{270{,}05 €}$

Gutschrift:
12.480,00 €   Wechselbetrag
− 270,05 €   − Diskont (9½ %)
12.209,95 €   Gutschrift durch die LZB

c) Diskontertrag:

12.209,95 €   Gutschrift durch die LZB
− 12.160,20 €   − Gutschrift durch die Bank
49,75 €   Diskontertrag für die Bank

34.) Ein Kaufmann übergibt der Bank am 3.8. fünf Wechsel zum Diskont: 8.325,75 € (f. a. 17.8.), 1.625,88 € (f. a. 23.08.), 4.374,55 € (f. a. 20.10.), 2.560,50 € (f. Ende Oktober) und 373,70 € (f. a. 10.11.). Es gelten p = 7¾ %, 2 € Spesen je Wechsel, 8 € Mindestdiskont. Wie hoch ist der Barwert?

Mindestdiskontzahl: $8 \cdot \dfrac{360}{7{,}75} = 371{,}61 = \textbf{372}$

Wechsel- beträge	Tage	Diskontzahlen (#)	
8.325,75 €	3.8. − 17.8. = 14	1.165,61 =	1.166
1.625,88 €	3.8. − 23.8. = 20	325,18 =	372 ← Mindest- diskont
4.374,55 €	3.8. − 20.10. = 78	3.412,15 =	3.412
2.560,50 €	3.8. − 31.10. = 89	2.278,85 =	2.279
373,70 €	3.8. − 10.11. = 99	369,96 =	372 ← Mindest- diskont
17.260,38 €			**7.601**

Diskontteiler: $Dt. = \dfrac{360}{p} = \dfrac{360}{7{,}75} = \textbf{46{,}45}$

Diskont: $\quad D = \dfrac{\#}{Dt.} = \dfrac{7.601}{46,45} = $ **163,64 €**

Barwert:
  17.260,38 € Wechselbeträge
−   163,64 € − Diskont (7¾ %)
−   10,00 € − Spesen
  17.086,74 € Barwert am 3.8.

35.) Eine Bank diskontiert am 25.11. sechs Wechsel: 525 € (f. a. 17.12.), 525 € (f. a. Jahresende), 2.756,25 € (f. Anfang des Folgejahres, kein Schaltjahr), 4.300 € (f. Mitte Januar), 225 € (f. Ende Februar), 215 € (f. Anfang März). Die Bank berechnet 11¼ % Diskont, 1¾ ‰ Inkassoprovision und 6,50 € Mindestdiskont. Berechnen Sie die Gutschrift!

Mindestdiskontzahl: $\quad 6,50 \cdot \dfrac{360}{11,25} = $ **208**

Wechsel-beträge	Tage	Diskontzahlen (#)	
525,00 €	25.11. − 17.12. = 22	115,50 =	208 ← M.-diskont
525,00 €	25.11. − 31.12. = 36	189,00 =	208 ← M.-diskont
2.756,25 €	25.11. − 1.1. = 37	1.019,81 =	1.020
4.300,00 €	25.11. − 15.1. = 51	2.193,00 =	2.193
225,00 €	25.11. − 28.2. = 95	213,75 =	214
215,00 €	25.11. − 1.3. = 96	206,40 =	208 ← M.-diskont
8.546,25 €			**4.051**

Diskontteiler: $\quad Dt. = \dfrac{360}{p} = \dfrac{360}{11,25} = $ **32**

Diskont: $\quad D = \dfrac{\#}{Dt.} = \dfrac{4.051}{32} = $ **126,59 €**

Gutschrift:
  8.546,25 € Wechselbeträge
− 126,59 € − Diskont (11¼ %)
−   14,96 € − Inkassoprovision (1¾ ‰ von 8.546,25 €)
  8.404,70 € Gutschrift am 25.11.

36.) Am 21.3. wird der Bank per Post ein am 12.1. ausgestellter und am 17.1. akzeptierter Dreimonatswechsel über 3.576,80 € zugeschickt, den diese 5 Tage später diskontiert. Wie hoch ist die Gutschrift bei einem Diskontsatz von 5½ %, einem Mindestdiskont von 3 € sowie 2 € Spesen?

Laufzeit: 26. – 31.3. = 5 Tage
                1. – 17.4. = <u>17 Tage</u>
                          22 Tage

Diskontbetrag: $D = \dfrac{W \cdot p \cdot t}{100 \cdot 360}$

$$= \dfrac{3.576{,}80\ € \cdot 5{,}5\ \% \cdot 22\ \text{Tage}}{100\ \% \cdot 360\ \text{Tage}}$$

= **12,02 €**

Gutschrift: 3.576,80 €   Wechselbetrag
                 –   12,02 €   – Diskont (5½ %, 22 Tage)
                 <u>–   2,00 €   – Spesen</u>
                 3.562,78 €   Gutschrift am 26.3.

37.) Für einen Wechsel über 4.657,70 €, fällig am 10.10., werden einem Kunden bei 8½ % 4.484,38 Euro gutgeschrieben. Wann wurde der Wechsel diskontiert?

Diskont: 4.657,70 €   Wechselbetrag
              <u>– 4.484,38 €   – Barwert</u>
                173,32 €   Diskont

Laufzeit: $D = \dfrac{W \cdot p \cdot t}{100 \cdot 360}$

$$t = \dfrac{D \cdot 100 \cdot 360}{W \cdot p}$$

$$= \frac{173{,}32\ \euro \cdot 100\ \% \cdot 360\ \text{Tage}}{4.657{,}70\ \euro \cdot 8{,}5\ \%}$$

$$= 157{,}6 = \mathbf{158\ Tage}$$

Fälligkeitstag:
1. – 10.10.   = 10 Tage
Juni – Sept. = 122 Tage
5. – 31.5. = 26 Tage   → 5. Mai
158 Tage

38.) K. gibt am 3.11. bei der Bank einen Wechsel über 875,95 €, fällig am 12.1., in Diskont.
Welchen Betrag schreibt die Bank gut, wenn sie 8¾ % Diskont und 2 € Spesen berechnet?

Laufzeit:
3. bis 30.11. = 27 Tage
1. bis 31.12. = 31 Tage
1. bis 12.1. = 12 Tage
70 Tage

Diskontbetrag: $D = \dfrac{W \cdot p \cdot t}{100 \cdot 360}$

$$= \frac{875{,}95\ \euro \cdot 8{,}75\ \% \cdot 70\ \text{Tage}}{100\ \% \cdot 360\ \text{Tage}}$$

$$= \mathbf{14{,}90\ \euro}$$

Gutschrift:
875,95 € Wechselbetrag
– 14,90 € – Diskont (8¾ %, 70 Tage)
– 2,00 € – Spesen
859,05 € Gutschrift der Bank

39.) F. bittet seinen Lieferer, für eine am 2.3. fällige Rechnung über 12.500 € einen Wechsel mit 30 Tagen Laufzeit (9½ % Diskont) zu ziehen. Wie groß ist der Wechselbetrag?

Diskontsatz: 9½ % in 360 Tagen
                   x in 30 Tagen

$$x = \frac{9{,}5\,\% \cdot 30\,\text{Tage}}{360\,\text{Tage}} = \frac{19}{24}$$

	€	Teile
Wechselbetrag, f. a. 1.4.	?	2.400
− Diskont (9½ %, 30 Tage)	− ?	− 19
Schuld am 2.3.	12.500	**2.381**

Wechselbetrag: 2.381 Teile = 12.500 €
                    2.400 Teile = x

$$x = \frac{12.500\,\text{€} \cdot 2.400\,\text{Teile}}{2.381\,\text{Teile}}$$

$$= 12.599{,}75\,\text{€}$$

40.) Ein Betrieb bittet, für eine am 30.10. fällige Schuld von 5.650 € einen 30-Tage-Wechsel (8½ % p. a. Diskont) zu ziehen. Wie hoch ist der Wechselbetrag?

Diskontsatz: 8½ % in 360 Tagen
                   x in 30 Tagen

$$x = \frac{8{,}5\,\% \cdot 30\,\text{Tage}}{360\,\text{Tage}} = \frac{17}{24}$$

	€	Teile
Wechselbetrag, f. a. 30.11.	?	2.400
− Diskont (8½ %, 30 Tage)	− ?	− 17
Schuld am 30.10.	5.650	**2.383**

Wechselbetrag: 2.383 Teile = 5.650 €
                    2.400 Teile = x

$$x = \frac{5.650\,\text{€} \cdot 2.400\,\text{Teile}}{2.383\,\text{Teile}}$$

$$= 5.690{,}31\,\text{€}$$

41.) Die Bank diskontiert am 20.6. folgende Wechsel: 3.647 € (fällig am 10.7.), 1.633,98 € (f. a. 12.7.), 1.256,85 € (f. a. 12.7.), 183,25 € (f. a. 24.8.), 2.107,25 € (f. a. 6. 9.) sowie 140 € (f. a. 27.9.). Wie viel Euro werden unter Abzug von 12½ % Diskont und 5 € Mindestdiskont gutgeschrieben?

Mindestdiskontzahl: $5 \cdot \frac{360}{12,5} = $ **144**

Wechsel-beträge	Tage	Diskontzahlen (#)		
3.647,00 €	20.6. – 10.7. = 20	729,40 =	729	
1.633,98 €	20.6. – 12.7. = 22	359,48 =	359	
1.256,85 €	20.6. – 12.7. = 22	276,51 =	277	
183,25 €	20.6. – 24.8. = 65	119,11 =	144	← Mindest-diskont
2.107,25 €	20.6. – 6.9. = 78	1.643,66 =	1.644	
140,00 €	20.6. – 27.9. = 99	138,60 =	144	← Mindest-diskont
8.968,33 €			**3.297**	

Diskontteiler: $Dt. = \frac{360}{p} = \frac{360}{12,5} = $ **28,80**

Diskont: $D = \frac{\#}{Dt.} = \frac{3.297}{28,80} = $ **114,48 €**

Gutschrift: 8.968,33 € Wechselbeträge
– 114,48 € – Diskont (12½ %)
8.853,85 € Barwert am 20.6.

42.) Folgende Wechsel werden am 5.7. diskontiert: 255,58 € (fällig am 27.8.), 462,67 € (fällig Ende August), 736,42 € (fällig Anfang September), 350,00 € (f. a. 12.9.), 370,68 € (f. a. 17.9.), 250,88 € (f. a. 24.9.), 275,70 € (fällig Ende September) und 615,59 € (f. a. 2.10.). Die Bank berechnet 12¾ % Diskont, 1½ ‰ Inkassoprovision sowie 4,00 € Mindestdiskont. Berechnen Sie die Gutschrift!

Mindestdiskontzahl: $5 \cdot \dfrac{360}{12{,}75} = 113$

Wechsel-beträge	Tage	Diskontzahlen (#)
255,58 €	5.7. – 27.8. = 53 Tage	135,46 = 135
462,67 €	5.7. – 31.8. = 57 Tage	263,72 = 264
736,42 €	5.7. – 1.9. = 58 Tage	427,12 = 427
350,00 €	5.7. – 12.9. = 69 Tage	241,50 = 242
370,68 €	5.7. – 17.9. = 74 Tage	274,30 = 274
250,88 €	5.7. – 24.9. = 81 Tage	203,21 = 203
275,70 €	5.7. – 30.9. = 87 Tage	239,86 = 240
615,59 €	5.7. – 2.10. = 89 Tage	547,88 = 548
3.317,52 €		**2.333**

Diskontteiler: $Dt. = \dfrac{360}{p} = \dfrac{360}{12{,}75} = \mathbf{28{,}24}$

Diskont: $D = \dfrac{\#}{Dt.} = \dfrac{2.333}{28{,}24} = \mathbf{82{,}61\ €}$

Inkassoprovision: 1½ ‰ von 3.317,52 € = **4,98 €**

Gutschrift: 3.317,52 € Wechselbeträge
– 82,61 € – Diskont (12¾ %)
– 4,98 € – Inkassoprovision (1½ ‰)
3.229,93 € Gutschrift am 5.7.

43.) | Ein Dreimonatswechsel wurde am 27.4. ausgestellt. Am 15.5. wird er der Bank zum Diskont eingereicht, die bei 9 % Diskontsatz 9.820 € Barwert gutschreibt.
Auf welchen Betrag lautete der Wechsel?

Laufzeit:

$$\begin{array}{rr} 27 & 7 \\ -15 & -5 \\ \hline 12 & 2 \end{array}$$

12 + 2 • 30 = **72 Tage**

Diskontsatz:

9 % in 360 Tagen
x in 72 Tagen

$$x = \frac{9\% \cdot 72 \text{ Tage}}{360 \text{ Tage}} = \frac{9}{5}$$

Wechselbetrag, f. a. 17.04.	? €	500 Teile
– Diskont (9 %, 72 Tage)	– ? €	– 9 Teile
Schuld am 5.2.	9.820 €	**491 Teile**

Wechselbetrag: 491 Teile = 9.820 €
500 Teile = x

$$x = \frac{9.820 \text{ €} \cdot 500 \text{ Teile}}{491 \text{ Teile}}$$

$$= 10.000{,}00 \text{ €}$$

www.ingramcontent.com/pod-product-compliance
Lightning Source LLC
Chambersburg PA
CBHW050321220526
45465CB00005B/2085